国家电网有限公司
STATE GRID
CORPORATION OF CHINA

U0662177

国家电网有限公司
安全生产风险管控
管理办法

国家电网有限公司　发布

中国电力出版社
CHINA ELECTRIC POWER PRESS

图书在版编目（CIP）数据

国家电网有限公司安全生产风险管控管理办法 / 国家电网有限公司发布. -- 北京：中国电力出版社，2025. 4（2025.6重印）. -- ISBN 978-7-5239-0041-3

Ⅰ. TM08

中国国家版本馆 CIP 数据核字第 2025UR3113 号

出版发行：中国电力出版社
地　　址：北京市东城区北京站西街 19 号（邮政编码 100005）
网　　址：http://www.cepp.sgcc.com.cn
责任编辑：薛　红
责任校对：黄　蓓　张晨荻
装帧设计：张俊霞
责任印制：石　雷

印　　刷：望都天宇星书刊印刷有限公司
版　　次：2025 年 4 月第一版
印　　次：2025 年 6 月北京第三次印刷
开　　本：850 毫米×1168 毫米　32 开本
印　　张：0.625
字　　数：14 千字
定　　价：16.00 元

国家电网有限公司关于印发
《国家电网有限公司作业风险管控工作规定》
等 10 项通用制度的通知

国家电网企管〔2023〕55 号

总部各部门，各机构，公司各单位：

公司组织制定、修订了《国家电网有限公司作业风险管控工作规定》《国家电网有限公司工程监理安全监督管理办法》《国家电网有限公司预警工作规则》《国家电网有限公司电力突发事件应急响应工作规则》《国家电网有限公司安全生产风险管控管理办法》《国家电网有限公司安全生产反违章工作管理办法》《国家电网有限公司业务外包安全监督管理办法》《国家电网有限公司电力安全工器具管理规定》《国家电网有限公司电力建设起重机械安全监督管理办法》《国家电网有限公司安全隐患排查治理管理办法》10 项通用制度，经 2022 年公司规章制度管理委员会第四次会议审议通过，现予以印发，请认真贯彻落实。

国家电网有限公司（印）

2023 年 2 月 10 日

目　录

国家电网有限公司
安全生产风险管控管理办法

规章制度编号：国网（安监/3）1107－2022

第一章　总　　则

　　第一条　为健全国家电网有限公司（以下简称"公司"）双重预防机制，全面深入推进安全生产风险管理，建立覆盖各领域、各专业、各层级的安全生产风险管理体系，有效防范安全事故（事件），制定本办法。

　　第二条　本办法主要依据以下文件编制：

　　1.《中华人民共和国安全生产法》（中华人民共和国主席令第八十八号）

　　2.《生产安全事故报告和调查处理条例》（国务院令第493号）

　　3.《电力安全事故应急处置和调查处理条例》（国务院令第599号）

　　4.《中共中央国务院关于推进安全生产领域改革发展的意见》（中发〔2016〕32号）

　　5.《关于实施遏制重特大事故工作指南构建双重预防机制的意见》（国务院安委办〔2016〕11号）

　　6.《关于加强电力企业安全风险预控体系建设的指导意见》（国能安全〔2015〕1号）

　　7.《电网安全风险管控办法（试行）》（国能安全〔2014〕123号）

　　第三条　本办法所称安全生产风险（以下简称"安全风险"），

是指在生产经营过程中，由于生产组织、计划安排、运行方式、设备状态、人员行为、外部环境、客户状况等因素，导致发生安全事故（事件）可能性与造成后果严重性的组合。

第四条 本办法明确公司安全风险管理工作的职责、措施和要求，规范安全风险辨识、评估、审批、告知、报告、管控、评价、考核等工作流程，形成公司体系完整、责任明确、管理规范、闭环落实的安全风险管理内控机制。

第五条 本办法适用于公司总部及所属省、市、县各级生产经营单位（含全资、控股、代管及产业单位）安全风险管理工作。公司系统承包建设的境外项目、管理的境外电网以及驻外机构参照执行。

第二章　职　责　分　工

第六条　各级单位是本层级安全风险管理的责任主体，按照"管行业必须管安全、管业务必须管安全、管生产经营必须管安全"和"谁主管谁负责"的原则，落实上级安全风险管理工作要求，负责本层级安全风险管理工作，并对下级单位进行指导、监督、检查和考核。

第七条　各级安全生产委员会负责审议本单位安全风险管理规章制度，分析和研究重大安全风险，协调解决安全风险管理重大问题、重要事项，提供资源保障并监督风险管控措施落实。

第八条　各级安全生产委员会办公室负责安全风险管理工作的综合协调和监督管理，建立安全风险管控工作机制，检查监督风险管控措施落实情况，并开展评价考核。

第九条　各级安委会成员部门是本专业安全风险管理的责任主体，按照"管业务必须管安全"的要求，负责业务范围内安全生产风险辨识、评估、审批、告知、报告、管控、评价、考核等全过程管理。

（一）发展部门负责组织编制电网发展规划，优化电网网架结构；

（二）安监部门负责督促开展安全风险管理工作，并对风险管控开展情况进行监督检查；

（三）设备部门负责运维检修、设备状况、运行环境、设备消防等方面的风险评估，以及管控措施的组织落实；

（四）建设部门负责建设管理、工程设计、施工作业、系统调试、验收投产、首台首套技术应用、交接验收等方面的风险评估，以及管控措施的组织落实；

（五）营销部门负责供用电服务、重要客户供电等方面存在的风险评估，以及管控措施的组织落实；

（六）数字化工作部门负责网络、信息系统等方面的风险评估，以及管控措施的组织落实；

（七）调控部门负责电网运行、二次系统、通信、电力监控系统等方面的风险评估，以及管控措施的组织落实；

（八）水新部门负责水电及新能源施工、运维检修等方面的风险评估，以及管控措施的组织落实；

（九）产业、后勤等其他部门负责本专业安全风险评估，以及管控措施的组织落实。

第十条　工区（中心、项目部）、班组负责组织落实风险辨识、风险评估、措施执行等安全风险管控工作要求。

第三章 分 类 分 级

第十一条 根据风险产生的原因和可能导致的安全生产事故（事件）性质，主要分为电网风险、设备风险、人身风险、网络风险、消防风险、交通风险、政策风险和其他风险，各级单位应根据实际业务特点，对涉及的安全风险进行分类。

第十二条 根据安全风险发生的可能性和严重性，安全风险分为重大风险、较大风险、一般风险三个层级。

（一）重大风险主要包括：

1. 可能导致一至三级人身事故的风险；

2. 可能导致一至四级电网、设备事故的风险；

3. 可能导致五级信息系统事件的风险；

4. 可能导致水电站大坝溃决、漫坝、水淹厂房的风险；

5. 可能导致较大及以上火灾事故的风险；

6. 可能导致负同等及以上责任的重大交通事故风险；

7. 其他可能导致对社会及公司造成重大影响事件的风险。

（二）较大风险主要包括：

1. 可能导致四级人身事故的风险；

2. 可能导致五至六级电网、设备事件的风险；

3. 可能导致六级信息系统事件的风险；

4. 可能导致一般及以上火灾事故的风险；

5. 可能导致负同等及以上责任的一般交通事故风险；

6. 其他可能导致对社会及公司造成较大影响事件的风险。

（三）一般风险主要包括：

1. 可能导致五级及以下人身事件的风险；

2. 可能导致七至八级电网、设备、信息系统事件的风险；

3. 其他可能导致对社会及公司造成影响事件的风险。

上述人身、电网、设备和信息系统事件，依据《国家电网有限公司安全事故调查规程》（国家电网安监〔2020〕820 号）认定，火灾、交通事故等级依据国家有关规定认定。

第十三条　总部相关专业部门应制修订本专业安全风险管理工作规范和风险分级标准，分层分级明确管控措施要求。

第四章 风险辨识

第十四条 各级单位应建立健全专业协同工作机制，面向安全生产的全周期和全要素，根据业务特点明确风险辨识评估流程，对各类可能导致不安全情况发生的危险因素进行辨识。风险辨识评估应在业务实施前开展，并根据风险因素变化动态调整。

第十五条 各级单位按照"谁组织、谁辨识"原则，由专业部门牵头逐级组织开展风险辨识。对涉及多单位、多专业的安全生产风险（以下简称"综合性风险"），应由本单位副总师及以上领导牵头、风险涉及的专业部门、单位成立风险管控组织机构，统筹开展风险管控工作。

第十六条 各级单位应健全"年分析、月计划、周安排、日管控"风险防控常态化工作机制，对电网运行、现场作业、设备运行、用户供电、网络信息、运行环境、交通消防等安全风险开展常态化辨识。

第十七条 各级专业部门、工区（项目部）、班组应结合实际，采用现场勘查、承载力分析、危险点分析等方法，分析风险的存在条件、影响因素和范围，完整、准确地辨识安全风险，辨识结果形成记录，明确风险内容和所涉及的业务范围，为风险定级提供依据。

第五章 评 估 定 级

第十八条 安全生产风险一经辨识，所在单位立即对风险开展评估定级工作，组织各专业部门对风险发生的可能性和严重性进行评估，确定风险等级，并根据风险定级结果，提出针对性管理要求。

第十九条 各级单位应按照"全面评估、准确定级"原则，对辨识出的风险进行分析：

（一）全面评估。应综合考虑各类风险因素，采用选定的评估方法进行风险评估，做到不遗漏风险。针对综合性风险，应由风险管控组织机构召开协调会，充分分析各专业风险，确保风险评估全面。

（二）准确定级。应根据各专业风险分级标准，结合实际业务特点，开展安全风险定级工作，以降低风险发生概率、持续时长、影响范围、损失后果等为目标，准确界定风险等级，不降低风险管控标准。

第二十条 各级单位应按照"谁管理、谁负责"原则，制定风险管控措施，形成安全风险清单，明确责任单位、责任人员、管控对象、风险等级、持续时间、影响后果、管控要求、到岗到位等重点内容。综合性风险应编制专项工作方案，加大管控力度，确保措施制定全面、有效。

第二十一条 各级专业部门应按照专业分工，对风险辨识的全面性、风险定级的准确性和管控措施的针对性进行审核，形成审核记录。

第二十二条 各级单位应建立健全安全风险分级审批机制，

风险定级结果及管控措施由专业部门审核后，提交本单位领导或上级单位审批。

（一）重大风险由省公司级单位负责人审批；

（二）较大风险由市公司级单位负责人审批；

（三）一般风险由县公司级单位负责人审批。

第六章 告 知 报 告

第二十三条 各级单位应建立健全风险告知与公示制度，明确风险告知与公示的对象、形式和内容，做好安全风险告知与公示工作。

（一）风险告知。对安全风险涉及的外部单位，应提前告知风险事由、风险时段、风险影响、措施建议等，并留存告知记录，督促外部单位合理安排生产计划，做好风险防范。

（二）风险公示。对存在安全风险的岗位、场所，设置明显的风险公示标志，标明风险内容、危险程度、影响后果、事故预防及应急措施等内容。

第二十四条 各级单位应建立安全风险报告工作机制，明确风险事件分类报送的时间要求、报送流程、报送内容，规范开展安全风险报告工作。

（一）内部报告。各级安委办按要求定期将风险管控情况报上级安委办；发现重大风险，各级安委办、专业部门应向本单位安委会和上级单位即时报告，每季度向本单位安委会报告风险管控工作情况，每年向本单位职代会专题报告。

（二）对外报告。重大风险经本单位负责人审批同意后，及时向国家有关部委、地方政府主管部门报告。

第七章　措　施　落　实

第二十五条　各级单位、专业部门、工区（项目部）、班组应强化责任落实，严格执行已制定的各项风险管控措施，同时对管控措施可能引发的次生衍生风险进行判断，确保安全风险可控。

第二十六条　风险管控过程中，各级专业部门应加强专业指导和督导检查，各级安监部充分发挥安全生产风险管控平台、安全管控中心作用，督促落实各项风险管控措施。

第二十七条　各级单位风险管控组织机构应加强现场值守，协调跨单位、跨专业交叉性、关联性工作，督导检查安全风险管控工作开展情况，及时解决安全风险管控难点问题。

第二十八条　各级单位应建立健全安全风险到岗到位管理制度，明确领导干部、管理人员到岗到位标准和工作内容，对现场工作组织、资源调配、管控措施落实进行把关。

第二十九条　各级安委会应对管控难度大、持续时间长、涉及多单位的安全风险实施挂牌督办，按照风险的等级和类别，明确督办对象、责任人和工作流程，督促落实安全风险各项管控措施。

第三十条　各级单位在安全风险管理过程中，应动态跟踪风险发展变化、管控措施效果等因素，必要时及时调整风险管控措施，确保全过程措施有效。

第三十一条　各级单位针对安全风险失控可能导致的后果，应编制应急预案，提前做好应急准备。一旦风险失控，及时启动应急响应，采取有效措施减轻风险失控造成的后果。

第八章 评 价 考 核

第三十二条 各级单位应建立健全安全风险管理评价考核机制，对风险辨识、评估、审批、报告、告知、管控等情况进行全面评价考核。

第三十三条 各级安委办应统筹开展安全风险管理工作评价，定期组织各专业部门对安全风险辨识全面性、定级准确性、措施有效性等情况进行检查评价。

第三十四条 各级专业部门应根据风险管控评价结果，总结工作成效和不足，分析存在的问题，逐项制定整改计划，跟踪并督促问题整改。

第三十五条 各级单位应对风险管控组织不力、辨识不全面、定级不准确、管控措施不落实、报告告知不及时的单位进行通报；对出现安全风险失控苗头的单位进行警示约谈，并限期整改反馈；对安全风险失控造成事故事件的，严肃追究相关单位及人员责任。

第九章　附　　则

第三十六条　本办法由国网安监部负责解释并监督执行。

第三十七条　本办法自 2023 年 3 月 3 日起施行。